版权登记号　图字：19-2023-085

For **Space Adventures of Lily and Tim –Time in Space**

First published in Russian by «Clever-Media-Group» LLC
Copyright: (c) «Clever-Media-Group» LLC, 2022

图书在版编目（CIP）数据

星系大冒险 /（俄罗斯）阿纳斯塔西娅·加尔金娜
著；（俄罗斯）叶卡捷琳娜·拉达特科绘；邢承玮译.--
深圳：深圳出版社，2023. 9
（小小宇航员宇宙探索科普绘本）
ISBN 978-7-5507-3788-4

Ⅰ.①星… Ⅱ.①阿…②叶…③邢… Ⅲ.①天文学
－儿童读物 Ⅳ.① P1-49

中国国家版本馆 CIP 数据核字 (2023) 第 043336 号

星系大冒险
XINGXI DA MAOXIAN

出 品 人　聂雄前
责任编辑　李新艳
责任技编　陈洁霞
责任校对　熊　星
装帧设计　心呈文化

出版发行　深圳出版社
地　　址　深圳市彩田南路海天综合大厦（518033）
网　　址　www.htph.com.cn
订购电话　0755-83460239（邮购、团购）
设计制作　深圳市心呈文化设计有限公司
印　　刷　中华商务联合印刷（广东）有限公司
开　　本　889mm×1194mm　1/16
印　　张　3
字　　数　40 千
版　　次　2023 年 9 月第 1 版
印　　次　2023 年 9 月第 1 次
定　　价　49.80 元

小小宇航员宇宙探索科普绘本

星系大冒险

〔俄罗斯〕阿纳斯塔西娅·加尔金娜　著

〔俄罗斯〕叶卡捷琳娜·拉达特科　绘

邢承玮　译

深圳出版社

这是伊娜。

这是蒂姆。

这是廖丽娅。

蒂姆和廖丽娅**酷爱天文学**，他们多次去太空旅行。这两个小朋友在空余时间经常去天文馆，在那里和天文馆工作人员伊娜一起观察星空。

　　有一天，伊娜告诉两个小朋友，天文馆推出了一款教育游戏，叫作《太空之谜》。

　　"孩子们，你们是第一批玩家，这可是独一无二的机会哦。"伊娜说道。

　　话音刚落，巨型兔吭哧吭哧地啃起了胡萝卜，它是伊娜的宠物克罗尔，看起来很特别。

　　"我们需要做什么吗？"廖丽娅问道。

　　"戴上专门的眼镜，你们就可以进入游戏了，规则很简单，一听就能明白。"伊娜解释道。

　　蒂姆和廖丽娅换好衣服，犹豫地戴好了眼镜。他们首先看到了用后腿站立的克罗尔。

　　"欢迎来到游戏中！"克罗尔向孩子们表达了热烈的欢迎。

　　"你怎么……会说话？"蒂姆惊讶道。

　　"我当然会说话了，这款游戏是我主人设计的，她把我设置成主人公，所以我将是你们的向导。"克罗尔郑重地说道。

"不！我才是这里的主人公！"一个尖细的声音传来，听上去有些顽皮，然后孩子们看到了一个奇怪的东西，就像有腿的雪球。

"哦，对了，"克罗尔拍了一下脑袋说，"介绍一下，这颗彗星叫亚丝娜。"

可孩子们还没开口，它又迅速说道："想要开启游戏，你们需要回答一个非常简单的问题：第一个进入太空的人是谁？"

"尤里·加加林！"蒂姆和廖丽娅齐声回答道。

不到一秒钟，他们就来到了一颗黑暗的星球上，蒂姆和廖丽娅仔细看了看周围，才明白，他们现在正站在冰山山顶上。

　　"我们现在在冥王星上。"克罗尔解释道，"因为冥王星距离太阳很远，这里常年都是黑暗的，甚至在白天也能看见星星。你们看，天边的那个小点，就是太阳。"

第一关

冥王星

"那里好像是卡戎星，它是冥王星最大的卫星。"廖丽娅猜测道。

"是的，就是它！"克罗尔肯定地说，"下面是一个巨大的平原，叫作**斯普特尼克平原**，它……"

可它这句话还没来得及说完，他们脚下踩的山体突然开始松动了。

"啊！啊！啊！"他们吓得大声尖叫，但什么都做不了：巨大的冰块正在缓慢下滑。

卡戎星

卡戎星

冥王星五颗卫星中最大的一颗。
表面温度-220℃。
于1978年被发现。

他们停下来之后，蒂姆惊慌失措地问道："刚刚怎么了？"

"一块冰块滑落了，"亚丝娜气喘吁吁地回答他，"这种事经常发生。对了，这个平原上面覆盖的是由气体直接变成的冰，所以我们可以在这里滑冰啦！"

"我们也要玩！"蒂姆高兴地说道。

溜冰鞋像变魔术一样出现在他们面前，蒂姆和廖丽娅迫不及待地穿上，在平原上快乐地滑了起来。

冥王星

冥王星是太阳系中体积最大的矮行星。

冥王星位于柯伊伯带。

冥王星有五颗卫星：冥卫一卡戎、冥卫二尼克斯、冥卫三许德拉、冥卫四科波若斯和冥卫五斯提克斯。

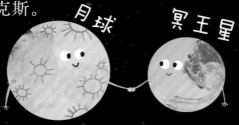

月球　冥王星

冥王星比月球小

许德拉

冥王星上的温度达到-232℃。

冥王星表面被冰覆盖。

冥王星上有山体，这些山体同样被冰雪覆盖。

尼克斯

卡戎

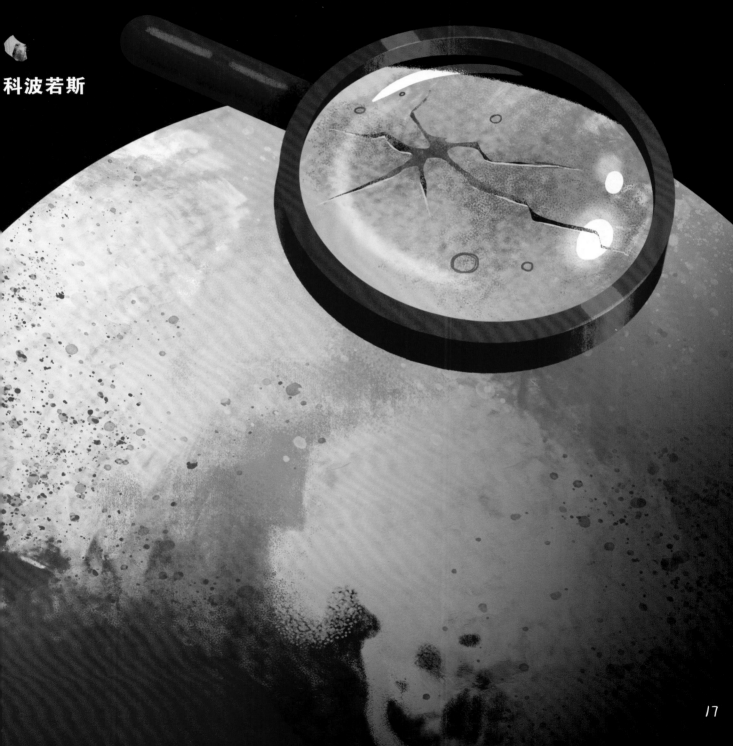

斯提克斯

科波若斯

冥王星表面存在裂痕，就像六脚蜘蛛。

玩了一会儿，蒂姆和廖丽娅倒在冰上，筋疲力尽，克罗尔埋怨道："该走了！我们耽误了太久。"

"该离开太阳系了。但要想进入下一关，你们要回答一个问题：如果冥王星靠近太阳，会发生什么？"

"嗯……大概，冥王星上的冰会开始融化？"蒂姆谨慎地说。

"然后它会出现一条尾巴，像彗星一样！"廖丽娅咯咯笑道。

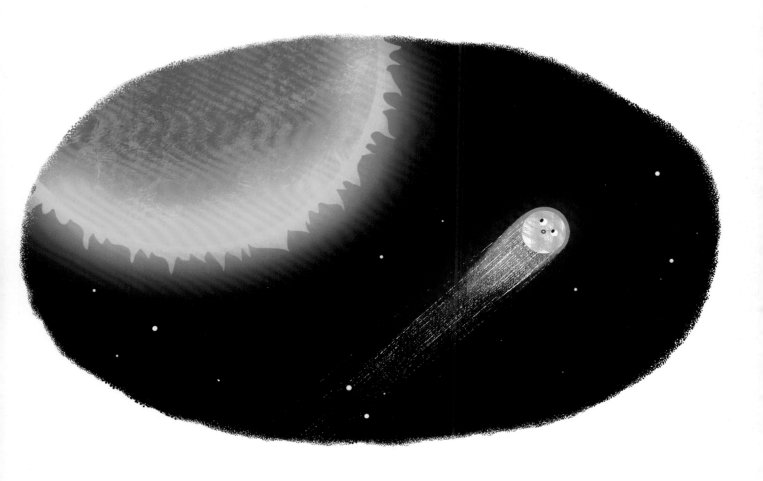

克罗尔赞许地点了点头，拍了一下两只爪子，瞬间，孩子们和新朋友们来到了银河系的中心区域。

"这个移动的巨大云团是**人马座B2**，"克罗尔解释道，"它由气体和尘埃组成，新的恒星就在这里诞生。但最神奇的是，这个云团是有味道的。"

第二关

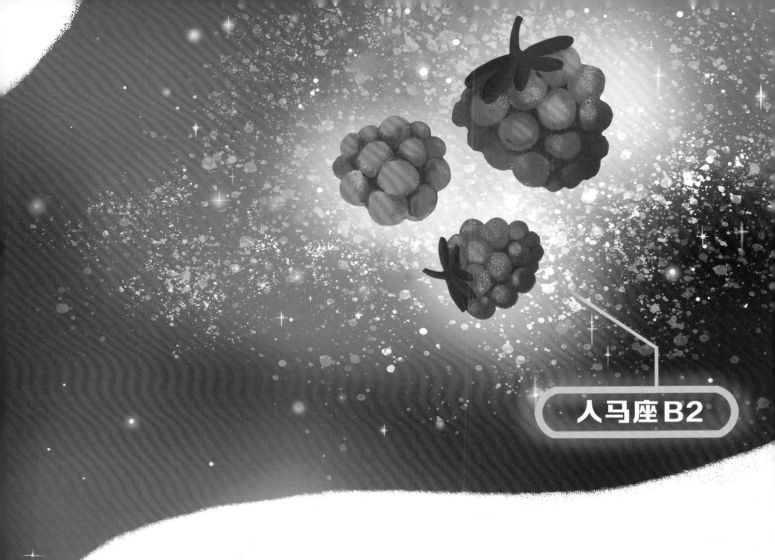

人马座B2

“真有趣，是什么味道？”廖丽娅问道。

“按照游戏规则，你们要先尝一口，然后回答这个问题。”亚丝娜笑道，并递给他们一人一杯红色液体。

蒂姆喝了一口之后说：“味道像树莓。”

“正确！”亚丝娜高兴地说，“科学家在这个云团中发现了一种使云团带有树莓味道的化学物质。所以，如果回家之后，你们想回忆一下这个云团的味道，只要做杯树莓冰沙就可以了。”

“恒星从气体和尘埃中诞生，那么在它们生命的末期会发生什么？我们一起看一下。”克罗尔说完，拍了一下两只毛茸茸的爪子。

"我们来到了双子座，这里曾经有一颗恒星，像我们的太阳一样，它的寿命很长。但10000年前，它变成了红巨星并爆炸了。爆炸后，它就形成了行星状星云。"克罗尔说道，"你们看，它像什么？"

"像小丑。"廖丽娅说道。

"我看它像因纽特人。"蒂姆补充道。

"没错！这是小丑睑星云，但也像因纽特人。"克罗尔点了点头，又拍了下爪子。

因纽特人

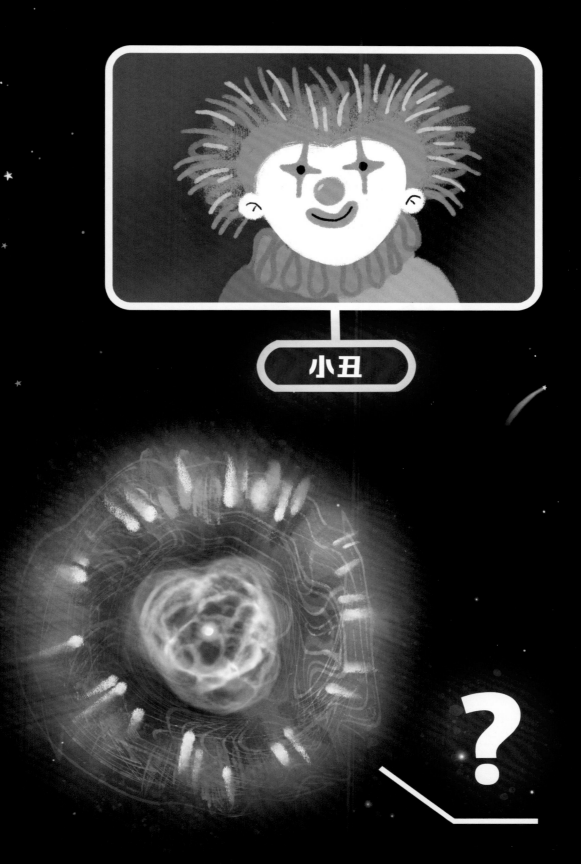

行星状星云

行星状星云表层是气体，中心区域是缓缓黯淡的恒星。学者将这样的恒星称为白矮星。

猫眼星云

环状星云M57

糖果星云

沙漏星云

CVMPI星云

螺旋星云，也被称为"上帝之眼"

螺旋星云比较接近太阳系，位于宝瓶座内。星云中心是爆炸后的恒星，它照亮了聚集在它周围的气体，十分壮观。天文学家拍到照片后，才发现这星云更像一只眼睛。因此，它也被称为"上帝之眼"。

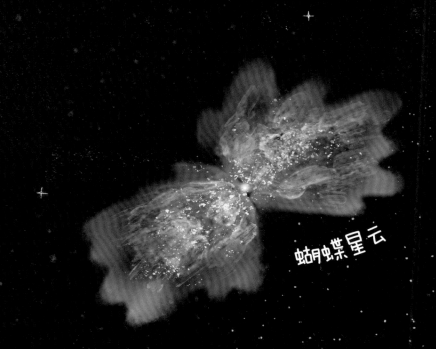

蝴蝶星云

小珍珠星云

指环星云

天蝎座蝴蝶星云中心区域是白矮星，曾经蝴蝶星云也是恒星，质量是太阳的5倍。

下一关他们来到了一颗被冰覆盖的黑暗星球上。

廖丽娅环顾四周，问道：“我们这是回到冥王星了吗？”

“当然不是啦，”亚丝娜摇了摇头，“这是**柯洛7b行星**，它位于麒麟座内，距离太阳系非常、极其、特别远。”

“这里确实有点儿无聊。”蒂姆打了个哈欠说道。

突然，有个东西砸到了蒂姆的肩膀上，不大，但非常硬。孩子们抬起头来，又立即低下了头，因为一片巨大的乌云正位于他们头顶上空，石头般的冰雹突然从中倾泻下来。

第四关

"快去那里躲着！"克罗尔一边喊着，一边向那辆不知道从哪里冒出来的铁厢车做了个手势。

落荒而逃的他们都上车后，砰的一声，门关上了。廖丽娅吃惊地问道："这里为什么下石头雨？"

柯洛7b行星永远是一侧面朝恒星，因此它那一侧的温度就会非常高，而另一侧的温度就会非常低。恒星将柯洛7b行星的一侧加热到极高的温度，以至于熔岩升华变成了云。这片云到了该行星寒冷的另一侧，凝华的熔岩就会落下来。

柯洛7

柯洛7b亮侧的温度能达到1500℃。

"你们本应该弄明白在柯洛7b星球上从天而降的是什么，这样我们才会认为你们通过了这一关。"亚丝娜嘻嘻笑道，并拍了一下小手。

　　刹那间，黑暗降临，只听克罗尔生气地低语："亚丝娜，只有我才可以让游戏进行到下一关。"

　　"哼，有什么了不起的！"亚丝娜不服气地说道。

柯洛7b

太阳系外行星

太阳系之外的行星叫作太阳系外行星。银河系中大约有1000亿颗太阳系外行星，这些行星距离地球很远，我们暂时没有它们的照片。但科学家有其他的办法，能够了解它们的外观并知道在那里都发生了什么。

比如，有一些特殊的天文望远镜可以观察恒星的亮度，当围绕该恒星运行的太阳系外行星部分覆盖了这颗恒星时，望远镜就会记录下这种变化。

有了这些数据，就可以确定太阳系外行星的大小，甚至它们的密度（它们是由气体还是由固体物质组成的）。

这些行星之间大有不同呢！

我是HD189733b星球，是位于狐狸座的太阳系外行星。这里正在下炽热的玻璃雨，强风（达每小时8700千米）将玻璃雨吹向一侧。

我是太阳系外行星 PSR J1719-1438b星球。我比地球大5倍，是一颗巨大的钻石。

我是KELT-9b星球，是天鹅座中温度最高的太阳系外行星，我的表面温度能达到4300℃。可不是所有的行星都能有如此高的温度哦。

科学家推测，在银河系中大概有3亿颗适合生存的行星，那里虽然不一定有高等生物，但是很可能会有生命的存在。

小麦哲伦星云

银河系

　　"你们两个非常幸运，有机会从上方
看到银河系，其他人可都没见过。"克罗尔郑重其事地说
道，"看我们的银河系，多美呀！"

　　"哇，太漂亮了！"廖丽娅的目光无法从那令人着迷的景象上移开，
"但那两团云是什么？是行星状星云吗？"

"不，那是矮星系，大麦哲伦星云和小麦哲伦星云，它们围绕银河系运动，就像行星围绕恒星运动一样。"克罗尔解释道。

"银河系也一直在运动，"亚丝娜补充道，"再过50亿年，银河系很可能与仙女座星系相撞合并。"

大麦哲伦星云

第五关

银河系与其他星系

银河系有30多个卫星星系。

距离我们最近且最大的星系是仙女座星系和三角座星系，它们也有自己的卫星星系。

银河系

仙女座星系

三角座星系的大小约
是银河系的二分之一。

三角座星系

银河系的大小约是仙
女座星系的二分之一。

引力将银河系、仙女座星系、三
角座星系和矮星系连接成本星系群，
该星系群正在向船帆座中另一个星
系团方向移动。

"宇宙中有数十亿个星系，那宇宙是怎么形成的呢？"蒂姆问道。

"有很多观点，最著名的就是**大爆炸宇宙论**。"亚丝娜回答说。

宇宙的形成

140亿年前，宇宙是个像蚂蚁那么大的点，但它的温度很高，密度也很大。后来，这个小点爆炸了，然后宇宙开始扩张，并逐渐冷却。部分爆炸后出现的物质聚集形成了气体云，恒星、行星、星系都形成于气体云。

崩！

轰！

"人和周围一切物质的组成元素都与恒星相同。"亚丝娜又开口说道。

"也就是说，我身体中的每一个分子曾经也是恒星的一部分！"蒂姆激动地欢呼道。

　　"所有人都是宇宙中的微粒，如果每个人都能牢记这一点，就不会再想与人敌对或争吵了。"廖丽娅沉思道。

　　"对呀，为什么要争吵呢？"克罗尔看着亚丝娜说道。

亚丝娜以微笑作为回应。它们友善地向蒂姆和廖丽娅挥了挥手，瞬间两个小朋友回到了天文馆中伊娜的房间内。

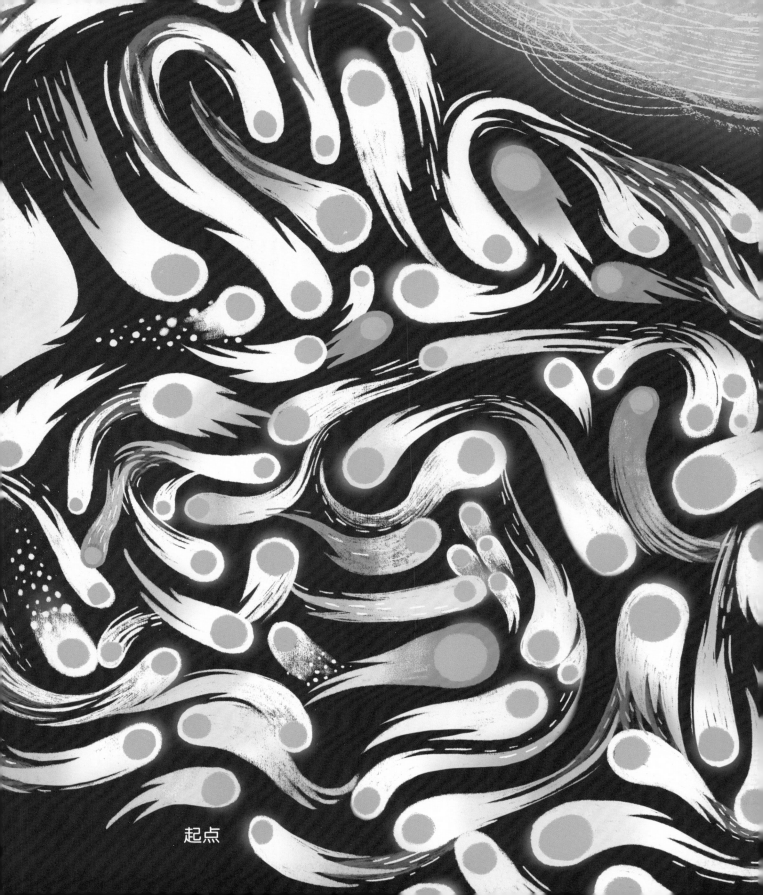

起点